图说心理

正念冥想

刘伟志 吴荔荔 孙露娜 编
凌 昱 尚志蕾 绘

上海科学普及出版社

图书在版编目（CIP）数据

图说心理：正念冥想 / 刘伟志，吴荔茹，孙露娜编；凌昱，尚志甫绘. -- 上海：上海科学普及出版社，2023.6（2024.4重印）
ISBN 978-7-5427-8460-5

Ⅰ. ①图… Ⅱ. ①刘… ②吴… ③孙… ④凌… ⑤尚… Ⅲ. ①心理学－通俗读物 Ⅳ. ①B84-49

中国国家版本馆CIP数据核字（2023）第113736号

责任编辑 季 蕾

图说心理
正念冥想

刘伟志 吴荔茹 孙露娜 编 凌 昱 尚志甫 绘
上海科学普及出版社发行
（上海中山北路832号 邮政编码200070）
http://www.pspsh.com

各地新华书店经销 山东博雅彩印有限公司印刷
开本 787×1092 1/32 印张 3
2023年6月第1版 2024年4月第2次印刷

ISBN 978-7-5427-8460-5 定价：28.00元

PREFACE 前言

"图说心理"系列第一本书《恐惧和创伤后应激障碍的防治》于2022年6月出版,同时在海军"蓝色心灵港湾"微信公众号连载,获得了不少读者的肯定,他们还提出了一些建议。这对于我们编者未说,是莫大的鼓励,也让我们对接下来的创作做了更多思考。

该系列图书在撰写期间,正值新冠肺炎疫情肆虐。联合国秘书长古特雷斯发布"新冠疫情与心理健康"政策简报表示:新冠肺炎疫情不仅攻击我们的身体,还增加了心灵上的痛苦。疫情过后,人们的心灵家园亟需重建与修整。

习近平书记在党的二十大报告中提出:"要重视心理健康和精神卫生。"面对百年未有之大变局和后疫情时代的交织,我们如何安于当下,获得内心平静,人生幸福?正念冥想给我们提供了一种很好的选择。

冥想有多种形式,而正念是其中一种专注于当下的,保持对当下不评判的觉知。正念冥想源于东方禅修，发展于西方科学界。美国威斯康星大学麦迪逊心理系的理查德·戴维森（Richard Davidson）教授和美国麻省大学医学中心的乔·卡巴金（Jon Kabat-Zinn）博士作为西方最早接触、研究正念冥想的学者，将正念冥想与宗教脱离，以实证的科学方法引导正念冥想服务于个体的身心健康；并把该方法应用于病人的疼痛管理和压力管理，使其更具操作性。卡巴金博士在1979年创立正念减压疗法（Mindfulness-based stress reduction，MBSR）。自此，正念冥想在西方的临床治疗与心理领域兴起，并陆续发展出一系列基于正念的心理治疗方法，包括正念认知疗法（Mindfulness-based cognitive therapy，MBCT）、辩证行为疗法（Dialectical behavior therapy，DBT）和接受与承诺疗法（Acceptance and Commitment Therapy，ACT），被称为"认知行为疗法第三浪潮"。

编者有幸在Davidson教授的实验室学习过一年多的时间，亲身体验正念冥想带来的诸多益处。大量的国内外研究也已经证实正念冥想可以改善睡眠，缓解压力，让我们变得更加专注和平静，从而促进我们身心健康，提升生活质量。回国以后，我们课题组开展正念冥想对创伤后应激障碍（PTSD）治疗的系列科学研究和技术推广，《正念冥想》的出版，就是万里长征正念冥想康复计划（Psychological Trauma Recover Project，PTRP-5-6）的一小步，希望"积跬步，至千里"。

正念冥想与其说是一种治疗方法，不如说是一种生活方式。如果你总觉得每天负荷满满，无法放慢脚步，或者觉得自己的情绪逐渐失控，没有办法专注于自己想做的事情，那么试试练习正念冥想吧，正念冥想会帮助你以一种全新的视角来探索自己的生活，带着觉知、善意、智慧，活在当下。努力工作，善待他人，美妙的事终会发生。

（Work hard, be kind, and amazing things will happen！）

编者

写于上海·PTSD防护实验室

2023 年 1 月 14 日

CONTENTS 目录

第一章 正念冥想 Mindfulness Meditation · 1 ·
第二章 正念呼吸 Mindfulness Breathing · 11 ·
第三章 身体扫描 Body Scan · 20 ·
第四章 正念饮食 Mindfulness Diet · 31 ·
第五章 正念行走 Mindfulness Walking · 41 ·
第六章 正念与创伤（一）Mindfulness and Trauma ① · 51 ·
第七章 正念与创伤（二）Mindfulness and Trauma ② · 61 ·
第八章 正念与压力 Mindfulness and Stress · 71 ·
第九章 注意事项 Notes · 81 ·

第一章
正念冥想
Mindfulness Meditation

1. 在开始阅读本书前，我们先来做个小实验：计时 3 分钟，以一个让你舒服但是端正的姿势坐着，闭上眼睛，去觉察你的呼吸，只是感受空气的进和出，不用去控制它。

2. 3分钟时间到。请问自己：在这3分钟内你感觉如何？你在觉察呼吸的过程中走神了多少次？如果时间延长到10分钟、30分钟、60分钟，你觉得你的答案会有什么变化？

3. 其实，对于大多数人来说，我们的注意力都会发生游离，从一个事物迅速转移到另一个事物上，只不过很多时候我们的意识不到。一项发表在《科学》期刊上的研究表明，有接近一半的人会心智游离（Mind Wandering），就关我们带说的关神，不管他们关神时想的是开心的，中性的还是不开心的事情，他们的幸福感都低于那些没有关神的人。

最近工作中
感觉碰钉子，
该怎么办？

什么东西没么看？
一定很好吃！

呀~哎~

第一章 正念冥想

4. 我们常常会去思考很多有关过去、未来，甚至根本不会发生的事情，这是进化上的一种进步，但是也会因此让我们忽略了当下，变得焦虑、恐惧和不幸。

昨天开会时，我不应该那样说的，唉……

啊……这难道要不会吧……

明天要出差了，航班会不会晚点？

5. 正念冥想就是让我们更好地活在当下的一种修习方式。正念冥想是有意识地、不予评判地专注于当下。它关乎我们的意识、觉察、自身及与他人、周围世界的关系。忽视当下,会让我们对自己的身体,感受缺乏觉知,意识不到由此对我们的行为产生的影响,也会限制我们的理解:我是谁?我和他人的关系、我和周围世界的关系是如何形成的?

第一章 正念冥想

6. 练习正念冥想并不是让你不要走神,而是在你走神时,能对此有所觉察,并将你的注意力重新导向此时此刻,导向现在最重要的事情上。

7. 其实,有时候我们虽然是清醒的,但是对于自己当下的一些感知和行为是没有意识的。例如,有时会找不到手机、眼镜、钥匙等;明明是在沟通,不知道为什么就跟别人大吵了起来。这都是对当下的忽视导致的,随手放了东西,随口说了几句话,没注意对方说了什么。没留意到即将爆发的苗头。我们下意识的行为将不可避免地给我们带来很多问题。长此以往,我们的生活将陷入糟糕的循环中,而我们的精力也将被这些问题消磨殆尽,而没有办法注意到那些让我们感觉幸福的事情。

8. 正念冥想就为我们提供了一个行之有效的办法。通过练习，我们可以更加敏锐地关注当下，意识到自己的身体、感受、念头，意识到我们与他人的关系，从而掌控我们的人生，提升生命的质量。

9.现在很多研究证实了正念冥想会给我们带来的帮助。大家练习正念冥想,也会带着各种各样的目的,如改善睡眠、缓解压力、减轻疼痛、提升注意力等,但是若想从中有所收获,最好办法就是忘记所有的目的,只是练习,坚持练习。

第二章
正念呼吸
Mindfulness Breathing

1. 正念呼吸，即专注于呼吸的经典冥想练习方法。呼吸是生命存在的基本活动，与我们的身体状态、情绪反应等息息相关。在冥想练习过程中，呼吸被认为是连接身体与意识的桥梁，能让我们的身心合一。不论何时何地，如果我们发现自己思绪游离不定或内心紧张不安，正念呼吸或体伸能帮助我们重新掌控自己的内心，回到当下。

第二章 正念呼吸

2. 正念呼吸练习一般采用冥想中最常用的坐姿。在让自己舒适的前提下盘腿而坐，可以是双盘（两只脚均放于对侧大腿上）、单盘（一只脚置于对侧大腿上，另一只脚置于对侧大腿下），也可以是散盘（双腿交叉，双脚均不置于大腿上），视自身情况而定。如果实在做不到盘腿而坐，也可以在椅子上就座，不倚靠椅背，双腿自然下垂，双脚平放在地面上，不要交叉。双手可以叠放在下腹部的位置（大约在肚脐下4个横指），掌心朝上，拇指相抵（这样可以更好地感受呼吸带来的身体变化），也可以轻放在两侧膝盖上。背部保持挺直而不僵硬，肩膀放松，然后轻轻闭上双眼，自然地呼吸。

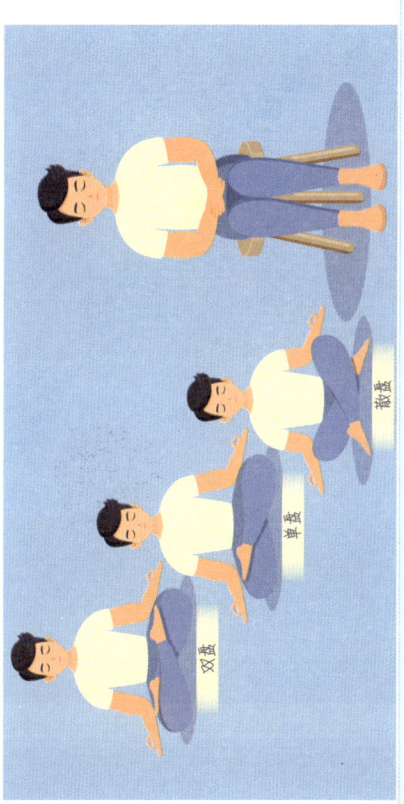
双盘　单盘　散盘

3. 首先,将注意力带到此时此刻的身体感觉上,用心去体会身体与地面或椅子之间接触部位的触感和压感,花一两分钟的时间去觉察这些感觉。

第二章 正念呼吸

4. 然后,将觉察聚焦于每一次呼吸时身体感觉的变化,找到呼吸时身体感觉最明显的部位。将觉察聚焦于每一次呼吸时身体感觉的变化,找到呼吸时身体感觉最明显的部位(如鼻腔、鼻端或口鼻之间),就去觉察气息在这些部位的流动;如果是胸腔,就去觉察气息流动时胸腔的起伏变化;如果是腹部,就去觉察腹部随着气息呼吸的胀缩感。在觉察呼吸的过程中,你无需有意地控制自己的呼吸,只是简单地吸气、呼气。你不用去纠正什么,也不需要达到某个特定的状态。你要做的只是去觉察每一次的吸气与呼气,慢慢地,你的呼吸会自然地平稳下来。

5. 练习过程中，我们很可能会发现自己的心智游离到呼吸以外的事物上，可能是身体的不适感，也可能是各种飘忽不定、天马行空的思绪。不要担心或自责，这不是失败也不是错误，而是一种非常正常的现象。事实上，发现游离也是一次觉察。

第二章 正念呼吸

6. 当你发现自己的注意力不再聚焦于呼吸时,只需要温和地将注意力带回到当下的呼吸上,继续保持对每一次呼气和吸气的觉察。再次出现游离时,仍然将注意力带回来。

7. 正念呼吸在练习时间上比较自由，可以是短暂的几分钟，也可以延长到1个小时，可依据具体的情境和身心放松的程度而定。

第二章 正念呼吸

8. 正念呼吸练习的目的在于帮助我们在每时每刻都能觉察自身的感受和体验。当你发现自己无法专注于眼前的事物或颇躁不安时，不妨试试正念呼吸，以呼吸为锚，温和地与当下连接，使自己的身心平复下来。

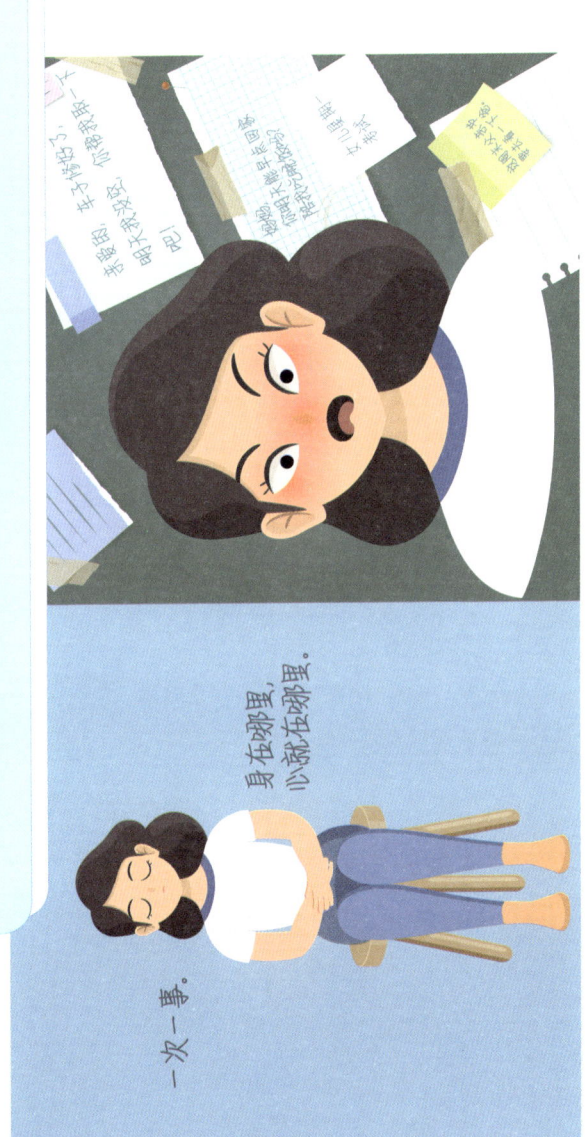

第三章
身体扫描
Body Scan

第三章 身体扫描

1. 身体扫描是正念冥想的核心练习方法之一，可以说是一种锻炼"注意力肌肉"的训练。很多时候，我们的大脑处于高速运转的状态，往往忽视了真实的身体感觉。通过身体扫描练习，我们可以加强对身体的感知，在当下的时刻与身体建立一种好奇、亲密和友好的连接，暂时与大脑中所有纷繁复杂的思想、观念、情绪等分离，让身心都放松下来，回到当下。

2. 身体扫描是带着注意力依次扫描身体各个部位，觉察当下的身体感觉，一次练习的时间一般为 30~45 分钟。

第三章 身体扫描

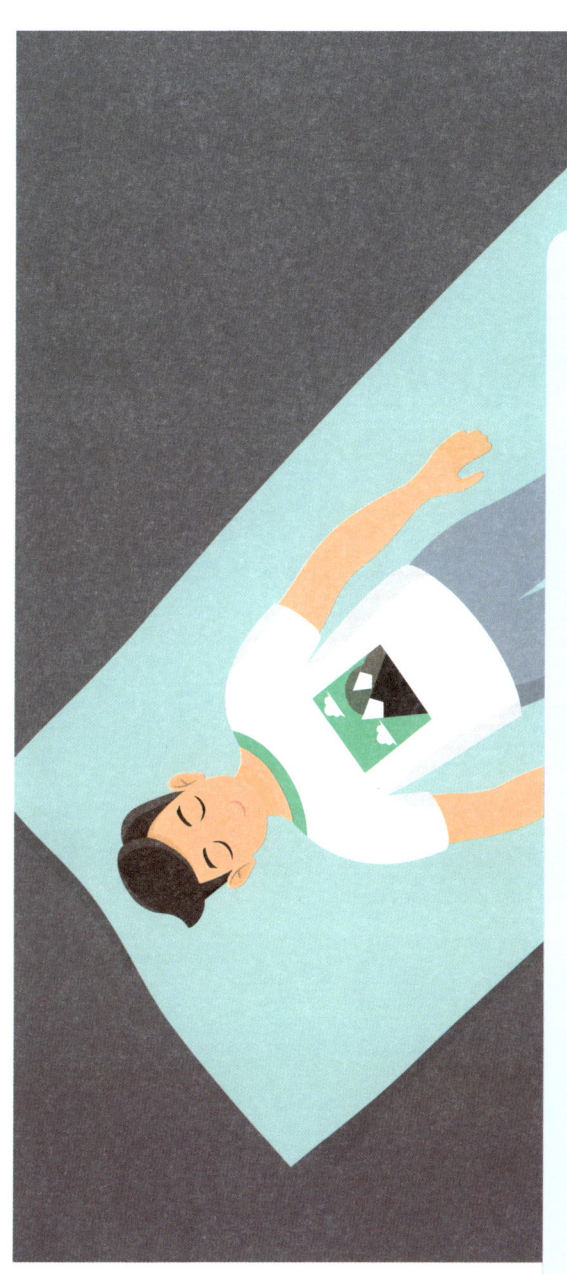

3. 在开始身体扫描之前，找一个整洁、舒适而且不会受到干扰的地方。取下身上的佩戴物，如眼镜、手表等，让自己舒服地躺下来，背部平躺在垫子上或床上，也可以是其他温暖适宜的地方，双腿自然伸直，双手置于身体两侧，轻闭双眼。

4. 花几分钟去感受自己的呼吸和身体感觉。先感受身体与垫子或床铺接触部位的触感和压力感。可以试着做几次深呼吸，放松全身肌肉，然后保持自然的呼吸，去觉察呼气和吸气时下腹部的变化，直至身体完全放松下来。

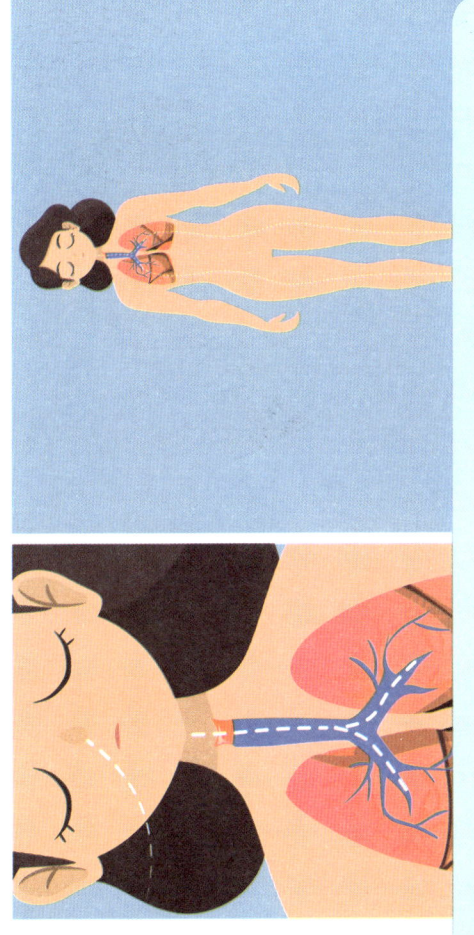

5. 现在,将注意力经过左腿带到左脚,到达左脚趾。依次关注左脚的每个脚趾,带着温和的好奇探究身体的感觉,觉察脚趾之间接触的感觉,可能是麻的,也可能没什么特别的感觉。吸一口气,去感觉或想象一下,气息从鼻腔进入,经由你的肺部,腹部进入左腿,左脚,直至左脚趾;呼气时,去感觉或想象气息沿原路线返回,从鼻腔呼出。试着用这种方式多呼吸几次,去感知呼吸之间身体的感觉。

6. 然后，放松自己的左脚趾，将注意力带到左脚掌，去觉察脚掌与袜子或空气接触的感觉，并带入呼吸；接下来将注意力扩展到左脚的其他部位——脚后跟，脚背，脚踝以及骨头，关节等，在每一次吸气和呼气的过程中，温和地探索气息的流动和左脚的感觉。

第三章 身体扫描

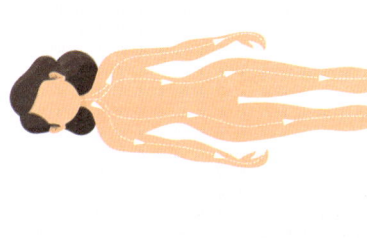

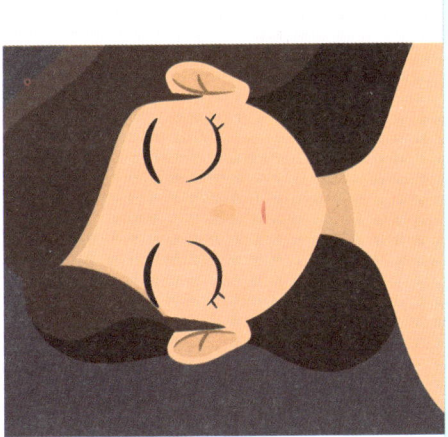

7. 继续将注意力带到身体的其他部位，依次聚焦于左侧小腿、胫骨、膝盖、左腿上部、右脚脚趾、右脚、右腿、骨盆区域、腰部、腹部、胸部、背部、手指、手掌、手臂、肩膀、脖颈、头面部，觉察这些部位的感觉，如：皮肤的触感，肌肉的紧张与松弛等。吸气时感受气流进入这些部位，呼气时离开。这样完成一次身体扫描后，再给自己点时间觉察一下整个身体的感觉和呼吸时气息在身体内的流动。

8. 在身体扫描的过程中，我们的心智不可避免地会发生游离，注意力分散，走神，请告诉自己这是正常的反应。如果你觉察到心智的游离，只需要温柔地辨识它而不进行任何评判，然后轻轻将注意力带回到当下关注的身体部位，继续保持觉察。

辨别
不评判
觉察

9. 当你在觉察某些部位时,可能没有任何明显的感觉,也可能感觉特别强烈(如紧张、僵硬),不要担心,试着在吸气时将气流带入这些部位,轻柔地觉察不同的感觉,然后在呼气时去体会一下释放和松弛。

10. 如果你在身体扫描的过程中昏昏欲睡，无需责备自己，可以睁开眼睛练习或者用一个枕头将头部垫高，再或者采用坐姿扫描身体。你可以通过各种尝试探索适合自己的练习姿势，重点是保持对身体的觉知。

第四章
正念饮食
Mindfulness Diet

1. 正念饮食，是基于正念的一种饮食方式，也是一种常见的冥想练习方法。正念饮食强调有意识地进食，即全身心地投入进食过程中，调动我们所有的感官功能去感受食物带来的身体反应和情绪体验。这种进食方式有助于增加我们进食的愉悦感和培养健康的饮食习惯。

第四章 正念饮食

2. 现代社会的节奏越来越快,很多人每天都奔波忙碌于生活琐事,往往连日常的用餐都那么匆忙。我们在上下班的路上吃饭,在办公桌上吃饭,或者边看手机电视边吃饭。想一想,你有多久没有静下心来认真地吃一顿饭了?

3. 更有甚者，我们只是盲目地、无意识地摄取食物，而不是因为饥饿或营养需求。我们试图通过进食来缓解压力，应对负面情绪，如焦虑、悲伤、孤独或无聊等。这就是我们常说的"情绪性进食"，一旦失控就会造成暴饮暴食，对身心都有极大的危害。正念饮食则与这种"无意识"饮食相反。

第四章 正念饮食

4. 正念饮食是专注于整个进食过程，有意识地去觉察机体内部和外部环境线索的"暗示"以及身体的饥饿感和饱腹感，关注选择的食物及进食后的身体反应和情绪感受等，而且不加以评判。

5. 有学者提出正念饮食需关注四个方面：吃什么？为什么吃？吃多少？怎么吃？日常生活中，我们可以通过以下几个练习方法去培养正念饮食。

6. ① 从购物、烹调到摄入食物，多考虑食物的营养和健康价值，尽可能选择能满足身体需求、于健康有益的食物；
② 在进食前进行几次深呼吸，将注意力带到此时此刻眼前的食物上来；

③ 运用所有的感官去感受食物的颜色、气味、质地、温度、味道甚至进食时的声音等；

④ 小口小口地进食，并且充分地咀嚼，认真品尝每一口食物；

⑤ 在专注于进食的前提下减慢进食速度，随时关注身体的饱腹信号；

⑥ 了解自己的真正需求，区分生理性的饥饿感和饱腹感，决定什么时候开始或停止进食；

⑦学会处理面对食物时的焦虑和内疚，正确建立与食物之间的连接；
⑧尝试感恩食物，感恩能让我们享用这些食物的所有。

第五章
正念行走
Mindfulness Walking

1. 正念行走是在行动中进行冥想练习的一种方式。对于有些人来说，由于内在和外在的种种原因，长时间静坐冥想或身体扫描并不容易实现。而行走可以说是我们生活中最常见的活动，哪怕只是从家走到待车场或公交车站，从办公桌前走到洗手间，或者饭后的散步，这些时刻都为我们提供了正念练习的机会。只要身体允许，所有人都可以在日常生活中练习正念行走。

第五章 正念行走

2. 正念行走，通过将意识带入步行中，不仅可以培养我们的觉察力与专注力，还能改善情绪、缓解压力，提高我们的精神状态。而且，与一些人而言，与坐着或躺着的静态冥想相比，行走中的动态冥想会带来更加清晰、开放的体验。

3. 在初次练习开始之前，找一个安静合适的场所，可以是室内也可以是室外，如公园或其他开阔安全的空间——能行走 5~10 分钟而且不会受到太多干扰就行。

第五章 正念行走

4. 首先在行走场所的一端站立,保持背部挺直而不僵硬,肩膀和躯干放松,双脚平行,与肩同宽(间隔15~20厘米),膝盖放松,略微弯曲,双臂自然置于身体两侧,双目轻柔地平视前方。

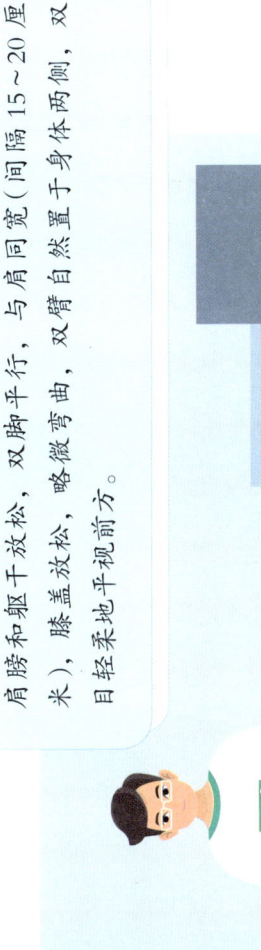

5. 将注意力带到脚底，觉察脚底与鞋袜、地面接触时的身体感觉，以及身体重量对双腿、双脚和地面的作用力。试着去觉察双脚、双腿和身体其他部位为保持身体直立和平衡而做的细微动作。

第五章 正念行走

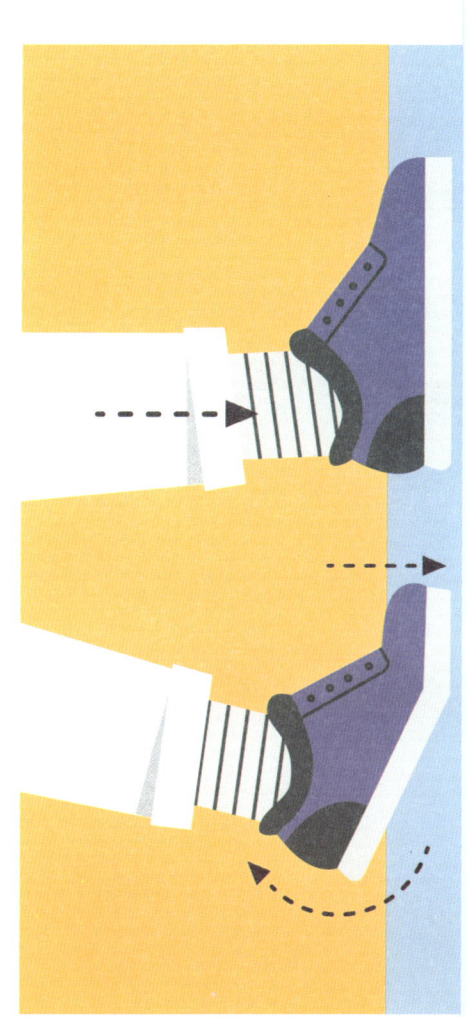

6. 在你感觉自己已做好行走的准备后,将身体的重心转移到其中一条腿上(一般后迈出的那条腿),觉察一下一条腿放松而另一条腿承重时双腿和双脚感觉的变化。然后,将一只脚的脚跟从地面缓慢抬起向前移动,再轻轻落到地面上,先让脚跟着地,然后是整只脚,调整重心,交替抬起另一只脚向前迈进。在每一步移动的过程中,都去感受腿部和脚在空中移动的感觉、脚跟落下与地面接触的感觉,以及重心变换时身体的感觉变化。

7. 保持这种觉知，从场所的一端走到另一端，停留一会儿，慢慢地转身，然后重新开始。在正念行走的过程中，我们要始终保持温柔而好奇的觉察，就像一个刚学走路的孩子，每一步都是一次探索，一次全新的体验。开始练习时，我们可以放慢行走的节奏，让自己能够充分地去觉察身体感觉的变化。

8. 同样，在行走过程中如果发现自己的心智出现游离，请温和地将注意力带回到此时此刻行走中的双腿和双脚上来。正如在正念呼吸中可以呼吸为"锚"，在正念行走中也可以将脚底与地面的接触感作为"锚"，重新与当下建立连接。我们也可以站在原地静止片刻，重新整合注意力后再继续行走。

带着觉察

9. 最后,正念行走可以是一次正式的冥想练习,就像身体扫描一样;也可以是非正式的冥想练习,只是我们从一个地方到另一个地方时,有意识地行走。正念行走的练习与行走的目的地无关,我们只需要尽可能地把正念行走时培养的觉察带到日常生活的其他方面,而不仅是行走体验。

第六章
正念与创伤(一)
Mindfulness and Trauma ①

1. 有研究显示，约有70%的人一生会经历创伤事件，其中31%的人至少会经历4次以上。创伤事件包括天灾（地震、洪水）、人祸（战争、暴力事件）以及各种意外事故。这些创伤事件除了有可能对我们的身体造成伤害外，对我们的心理也会产生影响。例如出现恐惧、担心、焦虑、屈辱、绝望等情绪，甚至发展为心理障碍。有些伤害可能会随着时间的流逝得以缓解，但是也有不少伤害会越发沉重，成为负担，甚至隐而不自知。

第六章 正念与创伤（一）

2. 很多时候，经历了创伤事件，我们最自然的倾向就是去否认、回避或者随波逐流被痛苦淹没。其实本质上我们是希望事情按照我们所希望的方式发生，而这会浪费很多的时间和精力，使得我们没有更多能量用于疗愈和成长。当这些情绪涌来时，如果我们能保持正念，有意识地去感知、了解我们的情绪，将为治愈埋下种子。

3. 对于创伤和痛苦，最好的方式就是接纳。接纳并不意味着无奈被动，而是积极主动接受一个事实：这个事情已经真实发生了，也意味着它已经过去了。接纳后究竟有多少疗愈能够发生，则取决于你有多觉醒。

第六章 正念与创伤（一）

4. 你有可能会领悟到，无常才是这个世界的本质。变化难以避免，斗转星移，沧海桑田，你若能细细观察，即便是经历创伤事件后那些痛苦的情绪，在不同时刻也是变化着的，有一刻可能极其强烈，夹杂着愤怒与不甘，下一刻可能是钝痛，充斥着悲伤与无力。

5. 恐惧是一种我们经常要面对的情绪。它可能源于死亡、孤独，也可能来自疾病、残疾。我们会害怕自己或者家人受伤或者死亡，种或者害怕自己失败，让别人失望。在经历危险情境时，我们会恐惧，甚至出现恐慌。恐慌会让你瞬间大脑空白，身体像被冻住一样。这非常糟糕，因为此时更需要你保持冷静与理智，从而解决问题。

第六章 正念与创伤（一）

6. 在正念时，我们可以观察恐惧，当你接近你的恐惧时，你的身体、情绪和思绪感受怎样的变化，你只是看着这一刻发生的一切。不评判，不抗拒，不强求，不顽固，觉知这一切，全然地接纳，这将给你带来平静和稳定。

7. 平时你的练习越多,你会越发觉得自在。你会发现你的恐惧不会永远缠着你,也不是你生活的全部。你会发现你的恐惧有不同强度,它也是无常的,是一种暂时的状态。当你在练习中出现哪怕是短暂的放松和平静时,你会知道,不管灵在冥想还是其他时候,恐惧不会一直存在。这种意识非常有意义,因为你会领悟到,这种不适有可能消失,如此就可用一种更为宽广的视角来看待这些问题。

恐惧不会一直存在

第六章 正念与创伤（一）

8. 当我们以更宽广的视角对此刻的念头或情绪加以关注时，会意识到我们需要改变思考方式。当我们在说"我害怕"时，似乎你就只有恐惧，不如改为"我正在体验着恐惧"更为恰当。这么调整你会发现你比你的恐惧要强大得多，要更为丰富，你不只是恐惧，你只是在觉察它，接纳它。因而，你更能看清楚你的头脑里有什么，也将感到有更大的掌控力，就不会那么容易被恐惧淹没，被自动反应驱使。

我正在体验着恐惧

9. 坚持正念练习，你将会接近并触及内心深处的资源，从而获得平静和放松，哪怕是在那些具有威胁的情境中，你也能沉着应对。就好像冲浪一样，虽然外界就如同海面一样激荡起伏，但是我们内心就像海洋深处一样波澜不惊。

第七章
正念与创伤（二）
Mindfulness and Trauma ②

PTSD 创伤后应激障碍

1. 如果你经历了创伤，甚至发展成为创伤后应激障碍，或者你长期有恐惧、焦虑等情绪，请了解一种"安全感促进训练"，你可以随时随地练习。

第七章 正念与创伤（二）

2. 首先，找一个安全舒适的地方坐下来。深呼吸几次，放松，感受臀部接触椅子和双脚踩在地板上的感受。然后想象一个让你觉得非常安全舒心的地方，可以是海边、山间或者家里。花少许时间留意一下这个地方能看到的所有事物。

感受臀部接触椅子

双脚踩在地板上的感受

63

3. 接着想象通过每一次的呼吸,将在这里感受到的快乐,纯净和幸福充盈到身体里的每一个细胞内。继续呼吸,直到你整个身体,从头到脚都充满了快乐、纯净与幸福。这时你会发现你的眼睛,脸部,下颌都放松了,也许还带着微笑。

第七章 正念与创伤（二）

4. 保持这种放松的状态，花上几秒钟，感受呼吸时上下起伏的腹部。然后，花点时间想想别人是如何应对困难处境的。这些人都面临过恐惧、焦虑等各种痛苦，经历过压力和苦难，和你一样也面临过一些没办法解决的难题。

5.随后请你感受一下,你的困难可以在你身体的什么地方感觉到。你的身体储存着对某个创伤的记忆,你可以试着感受一下这个创伤的能量储存在哪里。你能否与这个能量保持安全距离,并用开放的态度观察它。它在身体的哪个部分?它有多强烈?什么感受?是刺痛还是钝痛?

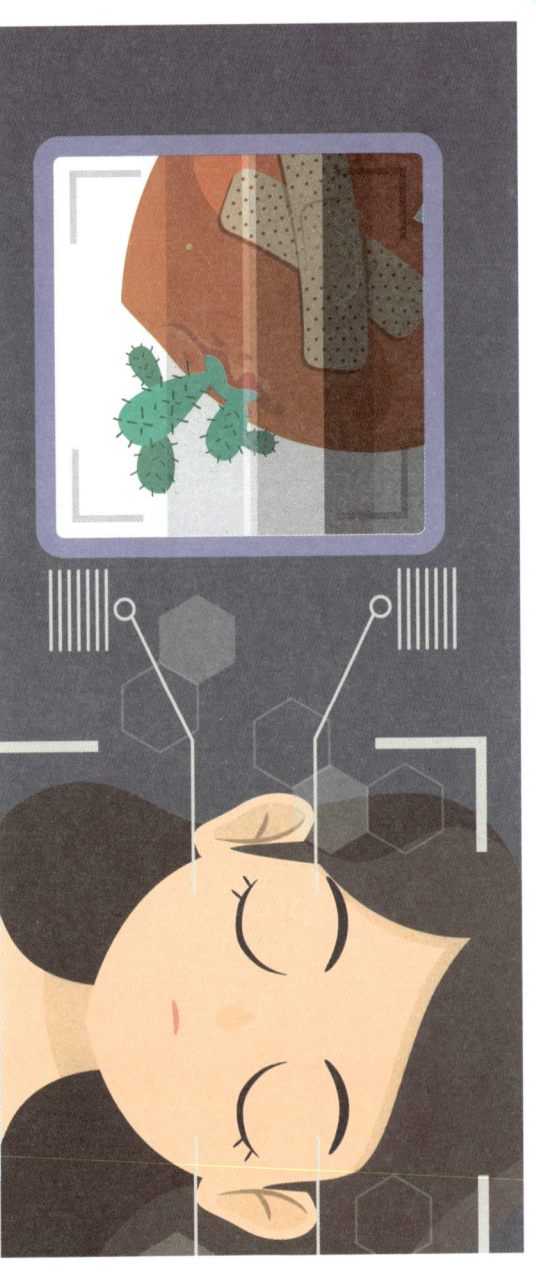

第七章 正念与创伤（二）

6. 接下来，想象自己并不是一个人在经历这些困难，在你的周围都是能理解你痛苦的人，他们都在你的周围，并且不断在增加。当你遇到困难时，所有人都开始靠近你，有你的家人、朋友，还有一些你不认识的人，却在听说你的情况后主动来帮忙，甚至还有你的宠物。

7. 有些家人可能给你带来过伤害，那就想想那些你觉得会关心你的人，可以是你的亲人，也可以是你敬佩的人，甚至是书本、电视上看到的人物。总有人会在你身边全力支持着你，你甚至可以想象他们正握着你的手或者拥抱你，给予你支持和爱，在你周围形成一个充满关爱、理解、支持和保护的安全区域。

第七章 正念与创伤（二）

8. 再做几次深呼吸，每一次呼气，将这些善意的人提供给你的关爱与安全感吸进身体里。你会发现，这一切会让你充满温暖，让你平静。这些人愿意一直陪在你身边，关心你，理解你，因为他们也都经历过痛苦。每个人在一生中总有需要别人帮助的时刻。他们也相信你一定有能力走出困境，迈向前方。

9. 接下来想象他们会真心实意地祝福你:"愿你平安、快乐、健康、自在,愿你没有苦难的困扰。"停留在这充满支持和关爱的氛围中,感受着这份安全感。你甚至可以对自己说:"愿我平安、快乐、健康、自在,愿我没有苦难的困扰。愿我在众人的支持、鼓励和关爱下,忘掉过去的伤痛,在人生路上继续前进。"当你准备好后,慢慢睁开眼睛,结束这次练习。

第八章
正念与压力
Mindfulness and Stress

1. 我们曾做过一系列的调查，询问各类群体希望了解心理学哪些方面的知识与方法。"缓解压力"总是排在前三位。社会的迅速发展，来自工作、生活的各种问题，料不及防的意外事故，让我们每个人都承担了不小的压力。那如何通过正念缓解压力呢？

第八章 正念与压力

2. 积极心理学提出者塞利格曼在进行乐观和健康的研究时，提出并不是压力事件让我们产生了压力，而是压力事件发生后我们如何感知及应对，决定了我们是否会产生压力、产生多大的压力。

3. 面对压力,我们会有很多种方式策略来应对。但是,有些策略是具有破坏性的。例如,否认——否认自己受伤、害怕。否认带来的问题是不承认问题的存在,就很难去发现和解决问题。也有些策略看起来是好的,但是结果会让我们远离解决问题的契机。如回避——用忙碌来回避真正的问题。很多工作狂是因为现实生活中的矛盾让其产生压力,而工作很忙却是非常合理的回避借口。如果在工作中确实能享受更多的成就,那就更全心全意投入了。我们时常会把自己的生活安排得很满,看似忙忙碌碌,其实并不清楚自己在做什么。

4. 还有人使用酒精、尼古丁、咖啡因等非处方物品甚至处方药来缓解压力。这些物品能暂时地改变我们的身心状态。例如，虽然我们知道吸烟对身体健康有害，可是还是忍不住继续抽烟，尤其是遇到压力时，似乎在抽烟的那一刻，世界静止了，可以获得短暂的宁静。而这些我们用于缓解压力的物质最终也会变成我们的压力源，已有很多研究证实了吸烟、喝酒会影响我们的身心健康。

5. 很多时候我们在遇到压力后做出上述这些反应是惯性且不自知的。而正念就是让我们在压力事件出现后,在做出惯性反应前带上觉知,虽然只是一瞬间的事情,却能带来根本性的影响。我们要做的只是在觉察到压力时,保持对当下的聚焦,让自己安于自己的身体,呼吸和觉知。感知自己的身体反应:眉头紧锁,双手攥紧,心跳加快,感觉有股气流直冲脑门。同时也可以观察升起的情绪,冲动和想法。此时此刻,可以允许自己害怕,愤怒,伤心,紧张,保持对当下的意识,知道这些只是自己的想法,情绪和感受。然后告诉自己,"就是它,这就是我遇到压力后的身体反应,这是我的情绪,这是我的冲动,现在是时候去关注呼吸让自己更集中了"。

6. 只要你足够熟练和迅速，你完全可以在惯性反应完全成形前捕捉到这一切，提醒自己放下片面狭隘，不必过度解读，此时此刻顺其自然，带着更宽广的心境和更多的清醒，来替代惯性反应。

7. 就像我们平时在练习正念时,有时候会觉得不适,有身体上的也有情绪上的,而我们只是去觉察,观察身体的反应,观察脑海里升起的念头,观察心里泛起的涟漪,允许它们如其所是地存在。这种练习训练我们与不愉快甚至感到厌恶的事物相处,而人生不如意十之八九。只有当你带着开放与好奇觉察每一刻的当下,你才能意识到有时候自己的惯性反应甚至过度反应是受到一些不合理想法和情绪的影响,这可能来自早年的生活经历。

第八章 正念与压力

8. 我们需要坚持不懈地练习正念，才有可能在压力反应出现的那一刻发现它。我们也不要因为尝试失败而气馁，苛责自己。即使经过长久的练习，我们也不能保证在所有的情境中保持正念的回应。但是我们要知道，每一个尝试的时刻都是一次机会，是你可以更加从容更加智慧应对的机会，这是我们人生路上的挑战，也是我们成长的必经之路。

9. 当然，除了练习正念，我们还需要在没有遇到彻底压垮自己的压力之前，储备自己应对的资源，强化身心健康。如有规律的锻炼、均衡的营养、充足的睡眠和良好的人际关系。而这些又都可以通过练习正念获得提升。

第九章
注意事项
Notes

1. 当我们开始关注自身的内心活动时，会发现其实我们一直不停地对自身进行评价。有些事因为会让我们感觉良好而被贴上"好的"标签，有些则因为会让我们觉得痛苦而被贴上"坏的"标签，还有一些似乎与自身没有太大关系，而被贴上"中性"的标签。

第九章 注意事项

2. 这些评判会主导我们的情绪。在这些评判下，我们的心情仿佛坐上了过山车一般，悠上悠下，难以平静。在正念练习时，当出现这种评判性的念头时，我们首先需要识别它，然后采用一个更宽广的视角，中立的立场去观察它，以及观察你对它进行觉察、一切的发生进行觉察，不需要去抗拒，不需要对评判进行评判。

3. 在正念练习的过程中,我们除了需要做到不评判,还需要做到接纳。接纳是让我们看到事物本来的样子。接纳并不意味着你必须喜欢,必须忍受这一切,而被迫放弃自己的想法。接纳是你愿意看见真相,不被那些所谓的标准、偏见和欲望所蒙骗,你对目前发生的一切都有所觉察,有着清醒的认识,如此你才更有可能知道自己该做些什么,从而全身心地去实施。

第九章 注意事项

4. 对于正念最重要的就是坚持，哪怕很忙，练习时间只有10分钟，也要坚持不间断，就像你并不喜欢它，只需要去做就好。坚持练习虽然可以帮助我们减轻压力，但只是在开始练习之初，因为需要挪出时间练习正念冥想，你需要重新规划自己的作息安排，这可能会给你增加一些压力。但只要坚持一段时间，你会发现这些努力是值得的。正念冥想会缓解你的压力，使你更加合理安排时间，更加高效地完成任务。

每天坚持练习至少15~20分钟

5. 每天的正念练习最好在固定的时间和地点进行。在练习的初期不建议大家选择深夜练习，因为在疲惫状态下保持觉知是比较困难的。练习地点可以在家中找到一个让你觉得安心与舒适的专属空间。在练习时，最好关闭电子设备，让自己免受打扰。此刻，你只是与自己同在，不需要应付任何人或任何事。

第九章 注意事项

6. 我们除了坚持正式练习，也需要保持非正式练习，这意味着将正念带入生活的方方面面。如前文所述的正念饮食、正念行走，你也可以正念洗澡、正念打扫等。

7. 以打扫房间为例,你是否试过正念打扫?你是否探寻过居住的环境需要多么干净整洁?打扫到什么程度可以停止?在打扫时你的身体什么反应?你是否对厌打扫?你每周需要花费多长时间打扫?如果不打扫的话,你会做什么?

第九章 注意事项

8. 当你把打扫房间作为你练习的一部分后,日常的打扫就有了全新的体验。你打扫的时间可能没有变化,也可能会减少或者增加。但是你对干净和整洁、它与自身的关系、你的需求都有了更深的认识。我们容易出现对日常活动的觉知缺失,而你的这种探寻意味着不带评判的觉知,从而不再被蒙蔽。

9. 当正念作为一种生活方式存在时,它的力量才真正得以显现。正念的目的就是让我们与自己在一起,与所做的事情保持接触,探寻与自己、与他人、与环境的关系,过好当下的每一刻,从而获得真正的圆满。